西瓜甜瓜生产机械化技术与装备

农业农村部南京农业机械化研究所 组织撰写

龚艳 陈晓 等 著

中国农业科学技术出版社

图书在版编目（CIP）数据

西瓜甜瓜生产机械化技术与装备 / 龚艳等著. -- 北京：中国农业科学技术出版社，2025.6. -- ISBN 978-7-5116-7441-8

Ⅰ.S65

中国国家版本馆CIP数据核字第2025W0Q034号

责任编辑　姚　欢
责任校对　王　彦
责任印制　姜义伟　王思文

出 版 者	中国农业科学技术出版社
	北京市中关村南大街12号　　邮编：100081
电　　话	（010）82106631（编辑室）　（010）82106624（发行部）
	（010）82109709（读者服务部）
网　　址	https://castp.caas.cn
经 销 者	各地新华书店
印 刷 者	北京科信印刷有限公司
开　　本	148 mm×210 mm　1/32
印　　张	2.75
字　　数	80千字
版　　次	2025年6月第1版　2025年6月第1次印刷
定　　价	45.00元

◆版权所有·侵权必究◆

国家西甜瓜产业技术体系
（CARS-25）资助

《西瓜甜瓜生产机械化技术与装备》

—— 著作委员会 ——

主　任　龚　艳

副主任　陈　晓　　刘德江　　杨　军

委　员（按姓氏笔画排序）

　　　　　王　敏　　尤　春　　玉山江·买买提

　　　　　朱迎春　　刘　广　　孙玉东

　　　　　杜少平　　李俊华　　杨永岗

　　　　　张学军　　胡国智　　胡健灵

前言

我国是西瓜和甜瓜生产大国,种植面积、产量及消费量均居世界首位。联合国粮食及农业组织(FAO)统计数据显示,2023年中国西瓜种植面积为149.53万hm^2、甜瓜种植面积39.58万hm^2。西瓜和甜瓜作为我国极具优势的特色经济作物,为产区农业增效、农民增收和乡村振兴发挥了重要支撑作用。

然而,西甜瓜产业作为劳动密集型产业,长期存在生产用工多、劳动强度大、机械化程度低等问题。随着农业生产中"用工难""用工贵"问题逐年加剧,传统种植方式因效率低、人工成本高,导致瓜农种植效益持续下滑,机械化生产已成为产业节本提质增效的必然需求。

我国西瓜和甜瓜种植区域分布广,不同产区的地理气候、土壤条件、适宜品种及栽培农艺差异较大,加之标准化种植程度低,导致"农机-农艺-设施"配套困难,制约了西瓜和甜瓜生产机械化技术的研发与推广。

据国家西甜瓜产业技术体系调研分析，当前我国露地栽培西甜瓜综合机械化率约为45%，设施栽培综合机械化率不足40%，整体处于主要环节"机器换人"的发展阶段。目前大面积推广应用的仅为耕整地、植保、水肥一体化等通用型机械，而移栽、植株管理、收获等环节仍主要依赖人工。

为提升我国西甜瓜产业机械化水平，帮助种植户、农机服务人员、农技推广及农机销售从业者及时了解机械化生产新技术与新装备，推动其推广应用，国家西甜瓜产业技术体系生产管理机械化岗位专家梳理总结了适用于西瓜、甜瓜生产的机械化技术与装备，以期推动西甜瓜生产"机器换人"，助力产业绿色高质量发展。

作 者

2025年6月

目 录
CONTENTS

第一章 西瓜甜瓜生产机械化技术与装备发展现状 … 1

1.1 西瓜甜瓜生产机械化技术与装备的国内
发展现状 …………………………………… 1

1.2 西瓜甜瓜生产机械化技术与装备的国际
发展现状 …………………………………… 8

1.3 西瓜甜瓜生产机械化技术与装备的发展
趋势 ………………………………………… 12

第二章 西瓜甜瓜耕整地机械化技术与装备 ……… 15

2.1 铧式犁 ……………………………………… 15
2.2 深松机 ……………………………………… 18
2.3 旋耕机 ……………………………………… 21
2.4 微耕机 ……………………………………… 22
2.5 铺管覆膜机 ………………………………… 25
2.6 起垄机 ……………………………………… 28
2.7 起垄铺管覆膜机 …………………………… 29

2.8 耕整地联合作业机械 …………………………………… 31

第三章 西瓜甜瓜施肥种植机械化技术与装备 …… 35

3.1 撒肥机 …………………………………………………… 35
3.2 有机肥深施机 …………………………………………… 37
3.3 嫁接机 …………………………………………………… 39
3.4 播种机 …………………………………………………… 41
3.5 移栽机 …………………………………………………… 44

第四章 西瓜甜瓜田间管理机械化技术与装备 …… 49

4.1 拱棚覆膜机 ……………………………………………… 49
4.2 多功能田园管理机 ……………………………………… 52
4.3 水肥一体机 ……………………………………………… 54
4.4 遥控自走式喷杆喷雾机 ………………………………… 58
4.5 动力喷雾机 ……………………………………………… 59
4.6 喷杆喷雾机 ……………………………………………… 61
4.7 植保无人机 ……………………………………………… 63
4.8 植株管理装备 …………………………………………… 65

第五章 西瓜甜瓜收获运输机械化技术与装备 …… 69

5.1 鲜食西瓜甜瓜运输机械与装备 ………………………… 69
5.2 籽瓜收获机械与装备 …………………………………… 72

参考文献 ………………………………………………………… 75

第一章

西瓜甜瓜生产机械化技术与装备发展现状

1.1 西瓜甜瓜生产机械化技术与装备的国内发展现状

我国是西瓜甜瓜生产大国,种植面积及产量均列世界第一位。近年来,随着我国农业供给侧结构性改革以及产业布局调整,西瓜甜瓜种植面积不断增加,2023年西瓜播种面积为149.53万hm^2,甜瓜播种面积为39.58万hm^2。

西瓜甜瓜产业作为劳动密集型产业,一直以来存在生产用工多、劳动强度大、机械化程度低等问题。2024年我国露地栽培西瓜甜瓜综合机械率为45%左右,设施栽培西瓜甜瓜综合机械化率不足40%,机械化生产主要集中在耕整地、植保、水肥一体化等环节，而移栽（直播）、植株管理、收获等环节缺乏与种植农艺相配套的专用机械，仍主要采用人工。我国西瓜甜瓜产业处于主要环节"机器换人"的发展阶段，西瓜甜瓜生产机械化技术研发取得了显著进展。

在耕种技术方面，国家西甜瓜产业技术体系针对设施大棚内长期采用旋耕机、微耕机耕作土壤导致耕层过浅、土壤板结、瓜类连作障碍加重等问题，突破土壤深松作业减阻降耗关键技术，创制了对称式强迫振动激振装置及振动深松机。新疆石河子农机企业针对哈密瓜机械化播种需求，研发的哈密瓜精量播种机，实现对哈密瓜等扁长籽粒异形种子的精量充种与排种，重播率和漏播率低于10%，满足了一穴一粒的精量播种要求（缪友谊等，2022）。

在移栽技术方面，研究重点聚焦于苗力学特性基础研究、移栽机构优化设计、自动控制系统开发及智能化技术融合四大方向，初步实现了从传统机械式移栽向智能化精准作业的转型升级。在苗力学特性研究方面，苗力学特性的研究是移栽机关键结构设计的基础依据，也是移栽过程中导致穴盘苗漏苗、伤苗等问题的重要因素。胡双燕等（2022）、杨丽等（2023）多位学者对穴盘苗的苗生长参数（苗高、茎秆直径、苗冠直径、叶片长度、叶片位置等）和力学性能（茎秆压缩应力、应变等）进行了测试和分析，为穴盘苗移栽机取苗机构的设计提供数据和理论支持。在移栽机构设计方面，取苗方式、取投苗机构运动轨迹和稳定性是影响移栽质量的关键因素。张妮等（2024）针对自动移栽机夹钵式取苗易破损钵体、夹茎式取苗易伤苗等问题，提出了一种顶钵-夹茎组合取苗方式，田间试验表明平均取苗成功率为93.05%、株距合格率为88.17%。俞高红等（2024）提出一种由凸轮连杆与扇形齿轮驱动的四连杆纵向送盘机构，提高了蔬菜钵苗自动移栽机纵向送盘机构的精确性与稳定性。任朝阳等（2025）利用连续非圆齿轮行星轮系取苗机构实现低速取苗和稳速投苗的"间歇"作业方式，设计一条适合夹茎式作业且取苗爪姿态、末端点速度可控、无回绕、无尖嘴的光滑"扇形"轨迹，取苗机构传动平稳。国家西甜瓜产业技术体系针对蔬菜移栽机对瓜苗适应性差、机械损伤率高、旱地移栽成活率低、不具备种植穴覆土功能等问题，突破瓜苗无损输送及栽植、根底变量注水、种植穴精准覆土等关键技术，创制了西瓜甜瓜铺管铺膜坐水移栽复式作业机，一个作业流程即可完成旋耕、铺管铺膜、瓜苗移栽、根底注水、种植穴覆土及镇压（龚艳等，2024）。

在自动化移栽技术方面，为进一步提高移栽作业质量，自动控制系统的研发有助于解决移栽机作业效率和稳定性低的问题。伍龙等（2021）通过PLC控制多个气缸与步进电机，能够实现取苗、喂苗的协调配合，控制系统能适应不同移栽速率下的自动移栽作业。王超等（2022）基于Arduino微控制器设计了移栽机自动控制系统，根据供盘速度-送盘速度、高速取苗间隔-苗盘位移等参数匹配要求确定供盘速度和取苗间隔控制方法，实现有序供盘、高速取苗作业过程自动控制。朱海勇（2023）设计了瓜苗自动转移系统，建立不同含水量土壤条件下提取瓜苗的夹持力和竖直提取力模型，实现育苗盘移动系统和取苗机械手逻辑控制。在智能移栽技术方面，智能化作业早已成为移栽技术的发展趋势，主要利用机器视觉、人工智能算法等技术方法实现。吴龙贻等（2022）基于机器视觉技术设计了一套穴盘幼苗分级移栽系统，实现了穴盘幼苗的实时在线自动分级，可以连续稳定工作。张秀花等（2022）提出了YOLOv3-Tiny目标检测改进模型，对移栽苗的健壮程度进行无损智能检测、分级，模型平均精度均值为97.64%。马文强等（2025）设计了基于ROS架构的蔬菜移栽机器人控制系统，实现了蔬菜移栽机器人自主取苗部件、秧苗栽植部件和自主移动平台的自动控制。

在小拱棚机械化技术方面，国家西甜瓜产业技术体系针对"双膜种植"西瓜甜瓜小拱棚搭建用工多、劳动强度大、作业效率低等问题，突破小拱棚架设自动弯架、直立插架、仿形覆膜等关键技术，创制了小拱棚自动架设机，实现棚杆自动单根分离、有序输送、适时投放、精准抓取与折弯栽插，以及覆棚膜、膜边覆土复式作业。同时还研发了小拱棚棚架自动拔取、输送及收储、棚膜自动卷收等关键核心技术与部件，集成创制了小拱棚自动回收机，实现了棚架、棚膜机械化回收作业（Hu et al.，2024；Chen et al.，2024）。该机型可与小拱棚自动架设机配套，实现小拱棚建棚与拆棚环节机械化，大幅提升西北露地西瓜甜瓜"双膜种植"作业效率（刘德江等，2023）。

在嫁接技术方面，研究重点聚焦于嫁接结构设计优化和智能化识别与定位技术，实现了嫁接装备从半自动化向全自主作业的跨越。在嫁接机构设计方面，王景政等（2022）针对西瓜直插式嫁接砧木在生长点去除前定位与处理的损伤问题，通过气囊的膨胀与收缩完成砧木苗的夹取与松开工作，解决了传统夹苗机构伤苗现象，采用前后对称的双压辊式压苗机构，解决了压苗过程中易造成子叶根部折断的问题。王家胜等（2023）提出了基于劈接法的茄科蔬菜6株同步自动嫁接机的整机结构方案，重点设计了嫁接机的砧木平切机构、砧木劈切机构、穗木推切机构、砧木与穗木插接机构、振动排序供夹装置及持送上夹机构等关键机构，该机可连续实现穴盘苗自动进给、砧穗木的切削与插接、嫁接夹的定向排序与持送上夹等功能。在智能识别与定位技术方面，周磊等（2021）通过机器视觉方法对目标进行HSV多值化操作，并利用最小外接圆方法计算砧木苗张开角度参数，极大地提升了系统的处理速度和准确率。赖一波（2023）基于三维视觉的接穗苗定位方法搭建轻量化的视觉检测与切削一体化终端，实现了97.5%的定位夹持成功率，采用Mobile-UNet网络建立了葫芦科接穗苗子叶分割模型，针对分割出的叶片可精准提取子叶方向角。

在田间管理技术方面，卢鑫羽（2021）针对设施吊蔓瓜菜设计了履带式立式喷杆喷雾机，可实现人药分离的遥控式施药，可根据作物施药需求进行差异化施药，提高了雾滴在冠层分布的均匀性和农药有效利用率。石雨欣（2022）针对日光温室南北垄种植模式，以推车式电动离心雾化喷雾机为载体，基于多线程技术和激光测距传感器不平行安装的实时对行识别与定位方法，开发了机载对行间歇施药控制系统，实现了喷雾机实时识别作物行、与其中心线一定偏移量处停车施药的连续多行自动间歇施药功能。沈跃等（2024）提出一种基于相邻争夺算法的植保无人机作业路径规划算法，试验发现能耗相较传统粒子群算法减少了34.48%。国家西甜瓜产业技术体系针对有机农肥易结块、机施不均匀、机具易堵塞等问题，突破动力碎肥、强制输肥、随速（拖拉机行驶速度）变量排肥等关键技术，解决了有机肥机施难题，实现了有机肥/化肥在线混合深施与配比精准调控，为"化肥多元替代""有机无机结合"等西瓜甜瓜绿色栽培技术提供了配套装备（龚艳等，2025）。

在收获技术方面，熊世磊等（2021）采用有限元法对机架静力学特性和振动特性进行了研究，为籽瓜破碎取籽分离机的设计与优化提供了理论依据。曹海雲等（2022）研制了可调节式籽瓜破碎机，利用EDEM对其关键部件破碎齿辊与压碎辊的工作过程进行模拟仿真分析，当破碎齿辊转速为110 r/min、压碎辊转速为130 r/min时，籽瓜破碎机达到最优工作状态。唐学鹏等（2024）研究了跌落高度、籽瓜质量等不同条件下对籽瓜跌落碰撞机械特性和损伤的影响规律，为籽瓜碰撞机械损伤的预测、低损机械收获装备的设计提供理论参考和指导。

在废弃物处理技术方面，国家西甜瓜产业技术体系针对西瓜甜瓜采后藤蔓膜上收集难、生物量多、收储运用工量大等问题，研究了复杂性状藤蔓膜上捡拾、切碎、压缩收集等高效减容收集关键技术，创制了履带自走式藤蔓自动捡拾切碎压缩集袋装备，收集率达到85%，作业效率为每人每小时2亩[*]以上。

1.2 西瓜甜瓜生产机械化技术与装备的国际发展现状

在西瓜甜瓜生产机械化装备方面，国外主要集中于智能装备、精准农业等方面的发展。

在耕整地技术方面，意大利Hortech、Forigo公司，法国Simon等公司研发的露地蔬菜起垄装备采用双刀辊结构，利用二次耕作土层的原理，精细耕作表层土壤，起垄质量更佳，也适合黏性土壤的作业；意大利Cosmeco公司、英国George Moate公司在开沟起垄装备上增加镇压板或镇压辊对垄面进行镇压修平，以保证垄面平整度。

在嫁接技术方面，国内外的研究机构与企业都将幼苗无损抓取技术、输送技术、砧/穗木切削技术、嫁接

---

[*] 1亩≈667 m^2，全书同。

苗结合固定技术和嫁接系统自动化控制技术作为研究重点。荷兰ISO Group公司利用负压气吸技术解决葫芦科嫁接苗夹持易损伤的问题，并结合机器视觉与机电一体化技术，自动判别幼苗子叶展开方向，再通过旋转电机将幼苗旋转至切削所需角度。日本京都大学研发了一种番茄苗嫁接辅助机器人，使用PL滤光片的背光系统、UXGA单色相机组成的机器视觉系统实现对番茄苗的弯曲度、叶片节点和茎的直径进行自动分类，番茄苗和砧木的匹配准确率高达97%。针对现有嫁接机采用固定角度切割方式，难以适应苗龄变化导致的髓腔形态改变，且切割过程中易损伤砧木幼苗导致嫁接失败，基于视觉图像识别系统和砧木髓腔几何模型建立，提出一种砧木自适应切割方法，可实现不同苗龄砧木的变角度精准切割。目前，日本、韩国、荷兰、意大利等国家的机械化嫁接技术发展较成熟，葫芦科、茄科作物嫁接机的嫁接成活率可达到95%以上。

在移栽技术装备方面，为了提高喂苗效率、减轻劳动强度，国外学者对移栽机的取苗方式进行了研究，美国奥本大学的Kutz等（1987）首次利用计算机辅助设计系统设计了一种平行钳夹式取苗机械手，在气缸的驱动下开合，实现对钵苗的夹取和投放；Choi等（2002）

设计了一种曲柄滑道式取苗装置,以此来实现对钵苗的夹取和投放。日本井关农机株式会社采用空间七连杆机构完成秧苗移栽,其运动轨迹在入土和出土阶段可形成较小的穴口,可有效避免刮破地膜,保证了栽植的直立度;意大利Ferri公司生产的覆膜移栽一体机采用精准的电子控制系统和数字化株距调控系统,将移栽穴处的塑料薄膜完全切除,防止因风鼓动薄膜导致的幼苗损伤;意大利Hortus公司采用单铰接吊杯结构,可以实现无膜垄上移栽和膜上移栽;美国雷纳多采用丙烷加热燃烧器,当触碰地膜时,接触部分瞬间气化形成大小不同的圆孔,此外配备了穴注水装置,可准确对准已经栽植好的秧苗,节约用水量。荷兰Visser公司采用PicoMat机器视觉技术融合种苗视图和立体图像获取作物幼苗生长信息,通过目标区域像素统计的方法对真叶数、苗龄、株高和长势一致等幼苗生长状况进行评价,通过取苗爪完成对穴盘里壮钵苗移栽和弱钵苗剔除与补栽,将健康苗移至栽培区域,每小时最高扦插苗数量达到1万株,且移栽一致性好。

在小拱棚机械化方面,意大利Cosmeco公司生产的拱棚覆膜机采用高度和宽度可调的框架结构设计,并配备一系列下降轮,可以完成不同尺寸小拱棚的覆膜覆土作业。

在智能植保技术方面，Tan等（2024）开展了基于机器视觉和深度学习的温室害虫识别方法研究，改进YOLOv5模型获得了96.01%的平均识别准确率，该监测系统可为西瓜甜瓜虫害智能防治提供技术支撑。Li等（2024）以农药载体水为对象，开发了耦合螺旋桨运动与液滴蒸发沉积过程的计算流体力学（CFD）通用模型，深入研究了气流中液滴的多相流动与传热传质机理，有助于实现农业无人机精准施药。

在水肥一体化技术方面，美国是世界上微灌面积最大、发展最快的国家，其农场面积的50%采用喷灌、43%采用地面灌溉，地面灌溉设备逐渐走向精细化；荷兰采用封闭式水肥一体化自动灌溉系统，水肥利用效率达90%以上；以色列将灌溉技术、水溶肥技术及节水灌溉设备相结合并广泛应用于温室蔬菜、育苗、大田作物等各领域，采用的压力补偿式灌溉技术，使水的利用率提高了40%~60%，肥料利用率提高了30%~50%。

在采收机械化方面，籽瓜联合收获作业机械仅有奥地利Moty、Agro-stahl等公司的南瓜籽瓜收获机械的技术已趋于成熟，在生产中得到广泛应用，以色列的大型自走式籽瓜联合收获机构造复杂、整机体积巨大、价格昂贵不适合我国籽瓜的种植及收获模式，目前鲜食瓜的采摘均为人工，使用大型运输平台进行转运。Kim等（2022）基于机器视觉和深度学习技术，提出了一种能够同时对目标果实进行三级成熟度分类以及6D姿态的机器人采摘系统，6D位姿预估精度为96%，平均采摘成功率为84.5%。Cho等（2022）基于快照式高光谱图像和机器学习模型开展了薄皮甜瓜内部品质指标测定，为甜瓜早期无损检测和生长预测提供了理论基础。Renê Ripardo Calixto（2022）提出了一种基于计算机视觉（CV）的黄皮甜瓜（Natal®杂交种）采收决策方法，通过数字图像预测可溶性固形物含量（SSC，以°Brix表示）来实现采收判断。

1.3 西瓜甜瓜生产机械化技术与装备的发展趋势

西瓜甜瓜生产将呈现从初级的主要环节"机器换人"向先进适用、高质高效、全程机械化方向发展，并逐步向绿色化、智能化和信息化转型升级的趋势。西瓜甜瓜耕整地机械将围绕合理耕层构建，通过土壤耕整方式、入土部件结构与作业参数优化，降低作业能耗，增加耕层厚度，提升土壤耕整质量，获取优良的苗（种）床与土壤环境；移栽机械将通过机电液一体化技术的应用，同时结合配套育苗工艺的优化，实现自动化取苗及投苗，提高移栽机的作业质量和效率；化肥农药施用机械将利用靶标识别技术、变量施肥（药）技术等智能化技术，实现化肥农药的精准施用，提高化肥农药利用率；水肥一体化设备将结合现代农田信息传感、作物生长模型、土壤-水分-养分动态模型及智能算法、自动化控制等技术，实现水肥的精准管理与高效利用；收获机械将根据栽培模式、种植规模等，利用高通过性底盘技术、采收转运协同作业技术等，实现不同田间复杂通行条件下的机械化采运。

第二章

西瓜甜瓜耕整地机械化技术与装备

2.1 铧式犁

以犁铧为主要耕作部件的犁称为铧式犁。铧式犁作业时,主要由犁铧与犁壁构成犁体曲面对土壤进行入土、切割、破碎、土垡翻转等,使地表土层与底层土壤实现交换,为作物生长创造较好的条件。

2.1.1 铧式犁的基本原理与结构

铧式犁(图2.1)主要由犁体、小前犁、犁刀和犁架等部件组成。犁体是铧式犁的主要工作部件,一般由犁铧、犁壁、犁侧板、犁架构成,其中犁铧、犁壁、犁托等部件组成一个整体,通过犁柱安装在犁架上,犁铧与犁壁一起构成犁体曲面，将犁铧移来的土壤加以破碎和翻转，犁侧板位于犁铧的后上方，耕地时紧贴沟壁，承受并平衡耕作时产生的侧向力和部分垂直压力。铧式犁工作时，首先由犁铧切入土壤形成土垡，然后土垡沿着犁壁曲面上升、破碎、翻转，从而将地表的残茬和杂草有效覆盖于下层。

2.1.2 铧式犁的类型与特点

铧式犁按动力可分为畜力犁和机力犁；按与拖拉机挂接的形式可分为牵引犁、悬挂犁和半悬挂犁；按液压翻转犁重量可分为轻型犁、中型犁和重型犁（图2.2）；按作业环境可分为旱地犁、水田犁、果园犁、灌木-沼泽地犁等。

我国机引铧式犁根据其适用地区不同可分为南方水田犁和北方旱作犁两大系列。每个系列按其强度及适用于土壤比阻值范围不同，又分成多种型号。南方水田犁系列主要为中型犁，水、旱通用，耕深一般为16~22 cm，犁体幅度为20~25 cm。北方系列犁可分为中型犁、重型犁两类，耕深一般为18~30 cm，耕幅为30~35 cm。中型犁适用于地表残茬减少的轻质和中等土壤，重型犁适用于残茬较多的黏重土壤。

在西瓜甜瓜种植过程中，采用铧式犁耕整作业，可切入土壤20~30 cm，有效打破板结层，疏松深层土壤，增强透气性和保水性，为西瓜甜瓜等作物栽植创造了优良的土壤环境。

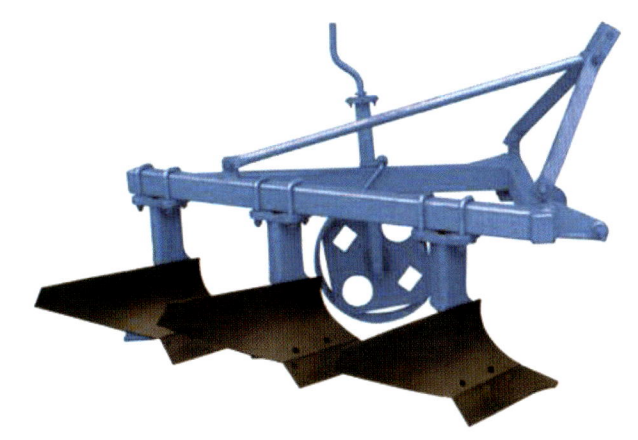

图2.1 单向铧式犁

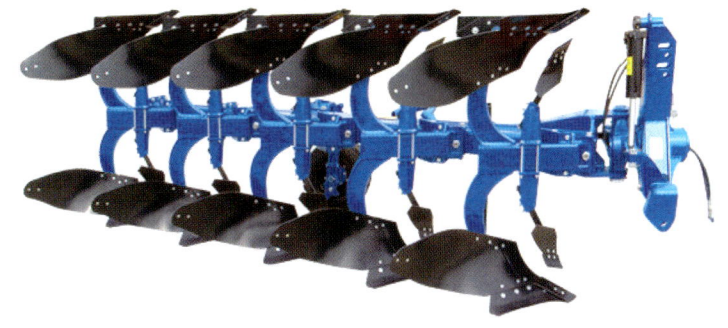

图2.2 液压翻转犁

2.2 深松机

深松机是用于实施超过正常犁耕深度松土作业的农机具。深松可以有效破坏坚硬的犁底层，加深耕作层，显著增加土壤的透气性和透水性，从而改善作物根系生长环境。进行深松作业时，由于只松土不翻土，不仅使坚硬的犁底层得到疏松，而且使耕作层的水分和肥力得到了一定的保持，因而种植西瓜甜瓜的田块，若采用深松技术可以大幅增加作物产量。

2.2.1 深松机的基本原理与结构

深松机工作时通过悬挂架上的上悬挂点和下悬挂点与拖拉机悬挂机构相连接构成一个机组。工作时，呈竖直安装的刀杆最下端的深松铲向前上方挤压土壤，深松铲不断地向前运动，使得深松铲前方的未耕土壤不断产生自下而上与前方的剪切裂纹，从而使土壤发生破碎。

悬挂式深松机主要由机架、深松铲、安全销、支撑杆、限深轮等组成。核心工作部件是装在机架后横梁上的凿形深松铲，连接处装有安全销，如防碰到大石头等障碍时，可剪断安全销，从而保护深松铲，限深轮装于机架两侧，用于调整和控制耕作深度。

2.2.2 深松机的基本类型与特点

深松机具的种类较多，常见深松机具类型主要有以下三种。第一种为铲凿式深松机，该机具主要工作部件是深松铲和悬架，通过铲柄与凿尖来撬动土壤，进行松土作业工作，这种作业方式会导致更深层的土层不能进行良好的运作，会增大能耗，造成一定的跑墒隐患。第二种为全方位深松作业机，该机具主要工作部件为刚性梯形框架，通常由底刀、侧刀垂直结板构成，通过深松部件从土壤中进行梯形截面作业，不仅能使50 cm深度内的土层得到高效的松碎，显著改善黏重土壤的透水能力，而且能在底部形成鼠道，以此来接纳更多的雨水，这种方式有利于干旱地区保墒。第三种为振动式深松机（图2.3、图2.4），该机具的主要工作部件是振动柱和主铲柱，作业时靠近铲尖的振动机构以设定的振幅和频率进行前后振动，铲尖前沿采用刃口设计，松土深度可达60 cm。

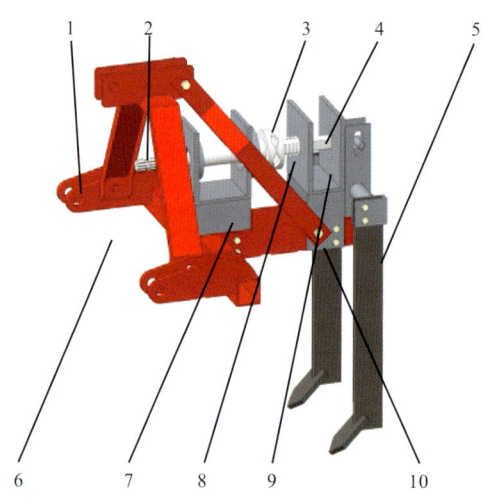

1—三点悬挂机架；2—输入轴；3—振动发生器；4—输出轴；5—深松铲；6—轴承；7—固定架1；8—弹簧；9—限位孔；10—固定架2。

图2.3 振动式深松机三维图

图2.4 振动式深松机

2.3 旋耕机

旋耕机是指以旋转刀齿为工作部件，且与拖拉机配套完成耕、耙作业的耕耘机械的驱动型土壤耕作机具。旋耕机具有打破犁底层、恢复土壤耕层结构、提高土壤蓄水保墒能力、消灭部分杂草、减少病虫害、平整地表以及提高农业机械化作业标准等功能。

2.3.1 旋耕机的基本原理与结构

旋耕机主要由机架、传动系统、旋转刀轴、刀片、耕深调节装置、罩壳等组成。

横轴式旋耕机工作时，刀片一方面由拖拉机动力输出轴驱动做回转运动；另一方面随机组前进做等速直线运动，刀片在切土的过程中，首先将土垡切下，随即抛向后方，土垡撞击到罩壳与拖板而细碎化，然后再落回到地表上，由于机组不断前进，刀片就连续不断地对未耕地进行松碎。

2.3.2 旋耕机的类型与特点

旋耕机类型很多，按与拖拉机挂接方式可分为牵引式、悬挂式、直接连接式；按刀轴传动方式可分为中间传动式、侧边传动式；按旋转刀轴的位置可分为横轴式、立轴式。目前，横轴式旋耕机（图2.5）使用最为普遍，其刀辊的转向有正旋和逆旋，而使用最多的则是正旋旋耕机。

旋耕机整地具有碎土能力强、耕后地表平坦等特点，因此得到了广泛应用；同时能够切碎埋在地表以下的根茬，便于播种机作业，为后期播种提供良好种床，主要用于水稻田和西瓜甜瓜种植地，也用于果园中耕。

图2.5 横轴式旋耕机

2.4 微耕机

微耕机以小型柴油机或汽油机为动力，具有重量轻、体积小、结构简单等特点。微耕机广泛适用于平原、山区、丘陵的旱地、水田、果园等。配上相应机具可进行抽水、发电、喷药、喷淋等作业，还可牵引拖挂车进行短途运输，微耕机可以在田间自由行驶，便于用户使用和存放，解决了大型农用机械无法进入山区田块的问题，是广大农民消费者替代牛耕的最佳选择。

微耕机最早出现于19世纪中叶的美国，是一种3~4 kW的小型汽油机驱动的机具，在变速箱输出轴上直接安装切土刀具，驱动机组前进的同时利用速比差来切碎土壤。

2.4.1 微耕机的基本原理与结构

微耕机主要由发动机、传动箱、机架、扶手操纵控制系统、耕作刀具等部分组成。微耕机工作时，发动机通过离合器将动力传递给变速箱，变速箱减速增扭后传递至终端轮轴。终端轮轴驱动旋耕刀具正向旋转，切削土壤，并将土块向后抛出，土壤松碎落地，同时土壤对刀具的反作用力驱动机组向前运动，完成旋耕整地作业。

2.4.2 微耕机的类型与特点

微耕机（图2.6、图2.7）是专为丘陵、山区等小块田及复杂地形区域研发的一种土壤旋耕机械，可以帮助大型

图2.6　履带式微耕机

图2.7　轮式微耕机

机械解决难以进入作业地块的耕种问题，完成农业种植中最重要的环节。按传动方式分，微耕机主要分为三种：齿轮传动型、皮带传动型、多功能管理机齿轮传动型，其中皮带传动型微耕机较为常见；按动力来源分，可分为汽油微耕机和柴油微耕机两种，其中柴油机动力大，主要用于处理土质较硬的地块，而汽油微耕机体积小，易于携带使用，灵活性更强，如果土质柔软。微耕机在农业生产中具有重要的作用，可以完成起垄、培土、开深沟、施底肥、除草碎土等作业。与大型耕整机械相比，微耕机具有油耗低、生产率高、体积小、重量轻、操作灵活、转运方便、易于维修等优点，适用于丘陵山区、水田、大棚及果园等多种耕整作业环境。

2.5 铺管覆膜机

铺管覆膜机是指将滴灌管（带）和地膜平铺在地面并随即在膜边上覆土的机械。与工程节水、水肥一体化和覆膜种植等农业技术相配套，一个作业流程即可完成铺管、覆膜的单项或复式作业。有的铺管覆膜机与耕整地、起垄、播种、移栽等作业机构组合，进行多项复式作业。按其运载方式可分为手扶式、悬挂式、牵引式等多种形式。

2.5.1 铺管覆膜机的基本原理与结构

铺管覆膜机（图2.8）由机架、开沟犁、地轮、挂膜杆、铺管架、覆土装置等组成。作业开始时，牵引机向前移动，弧形铲土板将地铲平，地轮带动刨土板转动将弧形铲土板中的土刨入覆土板上，开沟犁开出覆膜沟，展膜辊将膜展开，并将农膜平铺于平整的膜床上，侧压膜轮将地膜边压入开出的覆膜沟内，使地膜紧贴膜床，膜边覆土圆盘将土均匀覆在膜边上即可完成覆膜作业，同时滴灌带被铺于膜下，与覆膜作业同步进行，覆土板将土分散散压在地膜上，使地膜与地面紧贴并防止被风吹起，侧压膜轮和覆土犁配合将地膜两边用土压实。

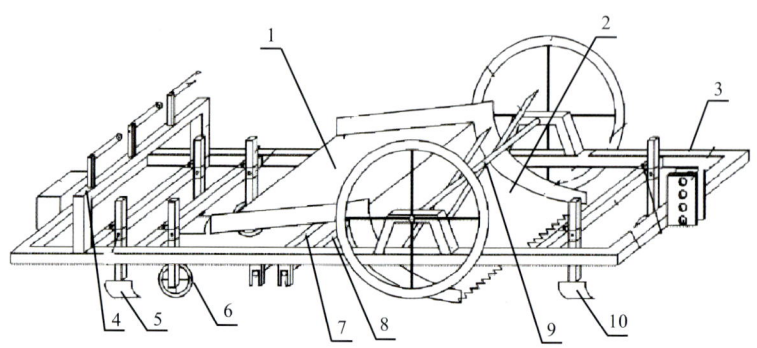

1—覆土板；2—弧形铲土板；3—机架；4—铺管架；5—覆土犁；6—侧压膜轮；7—展膜辊；8—挂膜架；9—地轮；10—开沟犁。

图2.8 铺管覆膜机

2.5.2 铺管覆膜机的特点

铺管覆膜机(图2.9)可一次完成平地、铺管、覆膜、覆土等作业,为西瓜甜瓜等作物栽植创造了优良的苗床和种床条件,极大地提高了土壤蓄水保墒的能力,保障了幼苗成活率和种子发芽率。手扶式铺管覆膜机及与大棚王配套的悬挂式铺管覆膜机适用于设施西瓜甜瓜的种植,普通悬挂式、牵引式铺管覆膜机适用于露地西瓜甜瓜的种植。

图2.9 悬挂式铺管覆膜机

2.6 起垄机

起垄机是指可一次完成旋耕、开沟和起垄作业的机械。起垄作业可打破犁底层,恢复土壤耕层结构,提高土壤蓄水保墒能力,消灭部分杂草,减少病虫害,平整地表,垄距、垄高、起垄行数、角度调整方便。

2.6.1 起垄机的基本原理与结构

起垄机主要由悬挂架、机架、起垄犁、限深轮、镇压滚、起垄刮板、垄面刮土板和中央螺栓调节机构等组成。作业时,起垄犁将两侧的土壤翻到中间形成垄体,而土壤被翻区域形成垄沟。同时,两侧呈对称分布的起垄刮板在垄面刮土板和镇压滚的配合下,形成梯形垄床,并完成对垄床的镇压作业。通过调节限深轮的高度和中央螺栓调节机构,可始终保证作业过程中起垄机与拖拉机保持相对位置的一致性,并可完成不同高度垄床的起垄和修垄作业。

2.6.2 起垄机的特点

起垄机(图2.10)还具有配套范围广、适应能力强、作业效率高以及提高农业机械化作业标准等优点。起垄机主要适用于瓜类、薯类、豆类等作物的田间耕后开沟起垄作业。

图2.10 悬挂式起垄机

2.7 起垄铺管覆膜机

起垄铺管覆膜机械近年来发展较快，机型种类较多，有单垄起垄铺膜、双垄起垄铺膜机型，但都是与大中型拖拉机悬挂配套，多数机型为旋耕起垄铺管覆膜机，可一次作业完成旋耕、起垄、铺膜和覆土等流程。

2.7.1 起垄铺管覆膜机的基本原理与结构

起垄铺管覆膜机（图2.11）是一种将起垄机与铺管覆膜机集成的农业机械，主要由起垄装置、滴灌带铺放装置、地膜覆盖机构、覆土镇压轮及液压调控系统组成，通过与配套拖拉机挂接，可一次完成起垄、铺设滴灌带、覆膜、覆土等多工序联合作业。作业时，开沟器形成垄体后，同步铺设滴灌带并覆盖地膜，覆土镇压确保膜土贴合，兼具保墒抑草、精准灌溉的作用。

2.7.2 起垄铺管覆膜机的特点

在西瓜甜瓜产业中，该设备广泛应用于干旱区或设施大棚，通过起垄种植可增强根系排水透气性，采用膜下滴灌实现水肥一体化精准调控，可显著提高瓜类糖度与产量，同时减少水资源浪费，适用于西瓜甜瓜规模化种植、早熟栽培及节水高效农业场景。

图2.11　起垄铺管覆膜机

2.8　耕整地联合作业机械

耕整地联合作业机械是与大中型拖拉机配套的复式作业机械，一次可完成旋耕、镇压、起垄、深松、开沟、碎土等多项作业，具有作业效率高的特点，一次作业即可满足后续播种的要求。

2.8.1　耕整地联合作业机的基本原理与结构

耕整地联合作业机主要由机架、三点悬挂装置、深松装置、旋耕装置、传动装置、升降装置、镇压装置等部分组成，结构如图2.12所示，可一次完成土壤的深松、旋耕、镇压、起垄等多项作业。作业时，耕整地联合作业机通过三点悬挂装置与拖拉机挂接，拖拉机后动力输出轴通过万向节传动带动中间箱体，中间箱体左侧一段通过左侧传动轴带动侧箱箱体，侧箱通过动力传递给前端部件，旋耕刀轴高速旋转对地表以及土壤中根茬进行切削破碎，深松机构链接在旋耕装置的机架上，通过拖拉机驱动装置带动深松铲进行松土，中间箱体后面一端通过后传动轴将动力输出至后边的旋耕箱体，旋耕箱体带动旋耕刀轴高速旋

图2.12　耕整地联合作业机模型图

转进行旋耕作业，最后镇压辊将松土旋耕后的土地镇压整平，也可使用起垄铲进行开沟起垄。

2.8.2 耕整地联合作业机的特点

耕整地联合作业机（图2.13）可一次完成土壤的耙茬、深松、合墒、碎土平整等多项作业，有效处理作物残茬，减少土壤侵蚀，提高土壤含水量，同时也为西瓜甜瓜等作物栽植创造了优良的土壤环境，极大地提高了土壤蓄水保墒的能力。

图2.13 耕整地联合作业机

第三章

西瓜甜瓜施肥种植机械化技术与装备

3.1 撒肥机

撒肥机是指在整地前将化肥均匀撒布地面，再进行耕翻整地将肥料埋入耕作层下的机械。由于耕作时易造成肥土混搅，达不到深施要求，同时也增加了作业工序。其优点在于撒施幅度大、工作效率高，目前技术成熟的撒肥机械有离心圆盘式、气力式和链指式等类型，其中市场上主要应用的是离心式撒肥机。

3.1.1 离心式撒肥机的基本工作原理与结构

工作时，操纵肥量控制机构将肥箱下肥口打开，肥料靠自重下落到撒肥部件上；拖拉机动力输出轴将动力经万向节与传动轴传递到撒肥部件；撒肥圆盘以一定速度旋转，肥料颗粒在自身离心力和推肥板推力的作用下抛落在地表，再经耕整机组耕翻于土层下，完成全层施肥作业。离心式变量撒肥机（图3.1）主要由肥料箱、行走轮系、输送链板、抛撒系统、传动系统、控制调节器等组成。

图3.1 撒肥机

3.1.2 离心式撒肥机的特点

离心式撒肥机能解决四个问题：一是肥料箱中能够装载充足的肥料，并且肥料能均匀地被输送至肥料抛撒机构；二是抛撒机构能够将肥料均匀地抛撒；三是肥料能够便于装载，并能长途运输；四是能够适宜化肥、有机颗粒肥及农家肥等多种肥料的抛撒。

3.2 有机肥深施机

有机肥深施机是指将有机肥深施的机械装备，可一次完成开施肥沟、化肥/有机肥混合深施、沟土回填的机械化复式作业。

3.2.1 有机肥深施机的基本工作原理与结构

有机肥深施机采用3点悬挂挂接方式，施肥机的动力源拖拉机经万向联轴器、减速器、变速箱，将动力传给螺旋排肥轴的一端，有机肥通过螺旋式排肥轴的转动均匀地从肥料箱的排肥口输出，液压机构调整开沟器的入土深度，从而调节施肥深度。作业时，通过3个悬挂销，将施肥机与拖拉机的液压装置连接，施肥时将开沟器强制压入土壤中进行开沟作业，传动箱的输入轴通过链传动带动动力输入轴转动，而传动箱的输出轴通过链传动带动螺旋轴转动，经过排肥口将有机肥施入沟中，然后覆土装置进行土壤回填，最终完成施肥作业。

3.2.2 有机肥施肥机的特点

有机肥施肥机（图3.2）采用碎肥刀组与绞龙排肥器的组合设计，实现了有机肥的粉碎与均匀输送；针对有机肥与化肥两种固态物料无法在施用前进行预混合的问题，创新性解决了块状/粉末状有机肥与颗粒状化肥的在线固-固混合与机械化深施难题，实现了二者的机械化混合深施，并可根据西瓜甜瓜的养分需求精准调节有机肥与化肥的配比；同时采用埋入式圆盘开沟器设计，通过铣抛盘

有机肥深施机数字化样机

有机肥深施机

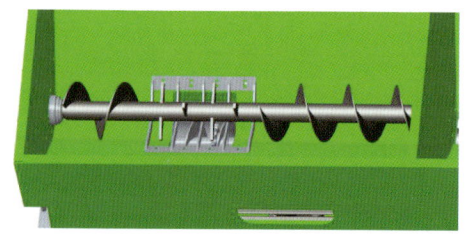

碎肥刀组/绞龙排肥器组合设计

图3.2 有机肥施肥机

高速旋转运动对土垡的切削及抛土作用，配合导土罩盖将抛土直接回填至施肥沟，从而完成整个施肥作业流程。施肥深度30～40 cm；排肥量7～10 kg/m。

3.3 嫁接机

蔬菜嫁接机按照作业对象分为瓜类（西瓜、黄瓜、甜瓜）和茄果类（茄子、辣椒、番茄）嫁接机。按照嫁接方法分为贴接式、套管式和插接式等类型嫁接机；按照上苗作业方式分为半自动嫁接机和全自动嫁接机，采用人工上苗单株作业称为半自动嫁接机（图3.3），采用穴盘整盘上苗多株同时嫁接作业称为全自动嫁接机（图3.4）。

3.3.1 瓜类嫁接机基本工作原理与结构

瓜类作物常见的嫁接方法有靠接法、劈接法、插接法和贴接法。其中贴接法更有利于实现机械化嫁接和标准化生产，是国内外瓜类嫁接机最常采用的方法。全自动嫁接机通过供料系统分别输送砧木（如抗病南瓜砧）与接穗（如西瓜苗），由切割装置（旋转刀片或激光）对两者茎部进行斜切或切成"V"形切口，形成匹配的接触面；随后通过夹持机构将砧木与接穗切口对齐并压合，利用嫁接夹、生物胶或热缩管固定接合部，确保维管束有效连接以促进愈合成活。

图3.3　半自动嫁接机

图3.4　全自动嫁接机

3.3.2 瓜类嫁接机的特点

瓜类嫁接机通过供料系统、切割单元、对位机构、固定装置的协同运作，实现砧木与接穗的快速切削、无缝对接与稳固封装；采用视觉传感器或机械定位技术确保切口角度与维管束对齐精度，结合PLC或AI控制系统优化作业流程，嫁接效率可达每小时千株以上，成活率超90%，显著降低人工依赖与育苗成本，适用于规模化、标准化育苗生产。

3.4 播种机

播种机是以作物种子为播种对象的种植机械。用于某类或某种作物的播种机，常冠以作物种类名称，如谷物条播机、玉米穴播机、棉花播种机、牧草撒播机等。

3.4.1 播种机的基本工作原理与结构

蔬菜精量播种机（图3.5）主要由机架、气力式播种单体、株距调节变速箱、前后镇压轮、两侧行走轮、风机和动力系统组成。

播种机工作时，汽油机通过链传动驱动后镇压轮旋转推进机组前进，后镇压轮经链传动联动前镇压轮，前镇压轮通过株距调节变速箱和两级链传动减速后驱动排种盘运转。汽油机输出轴同步通过带传动带动风机工作，风机经风管与右排种器外壳的正负压风口连接，为排种器提供稳定气压场。

种箱内的种子在充种区经搅种装置均匀分散后，在负压作用下吸附于排种盘并随盘旋转。经清种区时，清种装置刮除多余种子；继续运转依次通过带导种条的分种区和卸种区。种子到达卸种区后，在重力与正压联合作用下落入分种器，实现"一器多行"播种模式。该正负压双作用排种器通过负压吸附、正压吹卸的协同作用，显著提升蔬菜播种精度与作业效率。

播种单体采用机架横向可调设计实现行距调节，通过变速箱改变前镇压轮与排种盘的转速比调控株距。由前后镇压轮与对行镇压轮构成的"三

图3.5　气力式精量播种机

镇压"系统,满足蔬菜播种"浅覆土、轻镇压"的农艺要求。前后镇压轮形成的"桥式"平衡结构兼具限深功能,与播深调节装置配合可精确控制播种深度并保持深度一致性。

3.4.2 蔬菜精量播种机的特点

受西瓜甜瓜种子物料特性(形状、千粒重差异等)影响,以及现有播种机械排种精度等技术制约,机械化播种在我国西瓜甜瓜实际生产中的应用并不多。实际生产中可采用蔬菜精量播种机(图3.6)进行西瓜甜瓜播种作业,一次可以完成开沟、精量播种、覆土镇压等多项作业,还可以根据需要选择排种盘和开沟分种装置,从而实现两垄2行、4行或6行作业,作业模式适应性强。精量播种机采用正负压双作用排种器,负压吸种,正压卸种除杂,有效解决了种子质量轻仅靠重力落种容易造成种子粘盘的问题。

图3.6　精量播种机

3.5　移栽机

移栽机是用于移栽苗木的专用机械设备，其主要功能是将培育好的秧苗移植至大田，以优化作物生长环境并提升种植效率。按作业方式可分为半自动移栽机、自动移栽机。半自动移栽机按栽植器结构形式，可分为导苗管式、吊杯式、挠性圆盘式、链夹式等类型；自动移栽机按取苗方式，可分为成排夹持式、成排顶出式、夹顶结合式等类型。

3.5.1　移栽机的基本工作原理与结构

吊杯式移栽机（图3.7）与钳夹式移栽机的工作原理均为秧苗随栽植器作回转运动，在高位人工喂苗，低位植入土壤。二者的主要区别在于：吊杯式移栽机的秧苗依靠自重落入苗穴，而钳夹式则通过机械夹持机构完成栽植。鸭嘴式移栽机的栽植器结构与吊杯式类似，可归类为吊杯式的一种，其驱动方式分为摆臂式和行星轮式两种。鸭嘴的张合由带复位弹簧的弯头和凸轮控制：张开阶段，凸轮推程轮廓接触弯头，压缩弹簧，使鸭嘴张开；闭合阶段，凸轮回程时，弹簧复位，鸭嘴闭合。

导苗管式移栽机作业前，需由人工将苗盘架上的苗盘移至输送带。作业时，移栽机前部的推土铲平整地表，开沟器开出苗沟，同时肥箱中的混合肥料经下方管道排入苗沟。

　　输送带同步将钵苗输送至导苗管入口，苗体在重力作用下沿导苗管内壁滑落，苗体经导苗机构直接植入土壤。或者利用栽植器辅助栽植，苗体滑至导苗管底端时，支架转动使栽植器升至最高位接苗，随后下转至最低位，弹簧装置触发栽植器打开并释放苗体。栽植器上升过程中，弹簧复位使末端闭合。栽植后，覆土装置覆盖土壤，注水器洒水，完成移栽流程。由于钵苗在导苗管内存在滑移，该类移栽机适用于对钵体抗损性要求较低的钵苗或裸根苗。

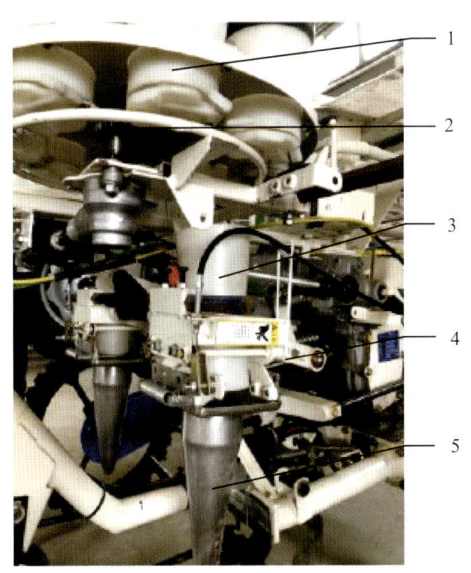

1—苗杯；2—齿轮传动；3—分苗杯；4—连杆机构；5—栽植器。

图3.7　吊杯式移栽机

挠性圆盘式移栽机工作时，人工将钵苗置于送苗装置，传送带驱动送苗装置夹持钵苗作垂直向下运动。两片柔性圆盘在起始位呈张开状态夹持幼苗，当运动至地面沟槽位置时释放幼苗完成移栽。

自动移栽机为降低劳动强度并提升作业质量与效率，采用自动取苗方式。按夹取部位可分为夹钵体式、夹茎秆式等；按末端执行器结构主要分为针式、铲式等。驱动系统主要采用气动驱动、电机驱动、电磁驱动等形式，驱动力通过传动机构带动末端夹指完成苗体的夹持与释放动作。

3.5.2　西瓜甜瓜移栽机的特点

针对现有蔬菜移栽机存在对西瓜甜瓜苗适应性差、旱地移栽成活率低、膜上移栽不具备种植穴覆土功能等问题，导致无法满足露地西瓜甜瓜机械化移栽要求，农业农村部南京农业机械化研究所研制了铺管覆膜坐水移栽复式作业机（图3.8至图3.10），创新研发了瓜苗坐水移栽、种植穴精准堆土等关键技术，解决了干旱高光照条件下瓜苗旱地机械化移栽成活率低等问题，实现了旋耕、铺滴灌带、覆膜及膜边覆土、瓜苗移栽、根底注水

（保苗水）、种植穴堆土及镇压等机械化复式作业，满足了旱地西瓜甜瓜种植的农艺要求。

图3.8　铺管覆膜坐水移栽复式作业机

图3.9　瓜苗根部注水

图3.10　种植穴精准堆土

第四章

西瓜甜瓜田间管理机械化技术与装备

4.1 拱棚覆膜机

拱棚覆膜机是设施农业专用设备，它将塑料薄膜覆盖在拱形棚架上，具有光照调节、温度调控、湿度保持等功能，可有效改善作物生长条件。

4.1.1 拱棚覆膜机的基本工作原理与结构

目前拱棚机按照应用场景主要分为两类：一类是适用于平坦大地块的拖拉机牵引式拱棚插架覆膜机；另一类是适用于日光温室和大中型拱棚内部或者面积较小地块的自走式拱棚插架覆膜一体机。

拖拉机牵引式拱棚插架覆膜机特点是体积大、搭建效率高。目前国际上主要分为两类：一类是插架与覆膜分离式机器，一台实现拱棚骨架搭建功能，另一台完成小拱棚塑料薄膜覆盖作业（图4.1）；另一类是插架覆膜一体化机器，可实现一次性插架覆膜作业。

图4.1 小拱棚架设机械

自走式拱棚插架覆膜一体机的特点是体积小、操作灵活、应用场景广泛。目前对此类机械研究较少，日本研制的自走式拱棚插架覆膜一体机，由3 kW汽油机驱动，设有前进与后退挡位，通过离合手柄实现转向。该一体机通过液压驱动下压部件完成棚架栽插，覆膜作业要在插架作业完成后一体机后退才可进行，因此拱棚搭建效率低。

4.1.2　西瓜甜瓜拱棚覆膜机的特点

悬挂式小拱棚覆膜机（图4.2）主要包括行走装置、回转式双插架装置、传感器、棚杆自动供料装置。棚杆放置在棚杆自动供料装置的储料斗中，作业时，棚杆自动供料装置预先投放一根棚杆至插架机构，拖拉机悬挂带动机身前进，车轮通过底盘行走装置中链轮链条传动机构，将动力传到插架机构中，回转式双插架装置运动，抓取预先投放的棚杆进行折弯和插入土壤，回转过程中，传感器判断回转式双插架装置的位置，控制系统接收到信号后，控制棚杆自动供料装置继续投放棚杆，等待回转式双插架装置抓取棚杆折弯栽插。

图4.2 悬挂式小拱棚覆膜机

4.2 多功能田园管理机

多功能田园管理机是一种集多种田间管理功能于一体的农业机械,主要用于中小型田地的耕作、除草、施肥、播种、开沟、培土等作业。

4.2.1 多功能田园管理机的基本工作原理与结构

田间管理机（图4.3）是一种多功能农业机械，主要由动力系统、行走机构、作业部件及操控系统构成。

图4.3 田园管理机

其核心动力通常采用柴油发动机或电动机，通过传动装置将动力分配至行走轮（或履带）和作业部件。行走机构根据地形设计为轮式（适合平整田地）或履带式（适应泥泞/坡地），作业模块可灵活更换，如旋耕刀片、施肥装置、喷药系统或除草刀具，可实现翻土、施肥、植保等多样化功能。

4.2.2 多功能田园管理机的特点

多功能田园管理机集模块化设计、智能控制与强地形适应性于一体，可快速更换旋耕、除草、施肥、喷药等作业模块，满足多样化农事需求；可配备导航定位、环境传感器及自动调节系统，适用于设施西瓜甜瓜种植管理，既能高效完成土壤翻整、植保管理等常规任务，又能应对复杂地形的精细化作业，显著提升农业生产标准化与可持续性。

4.3 水肥一体机

水肥一体化是将施肥技术与灌溉技术相结合的一项新技术，是精确施肥与精确灌溉相结合的产物，在灌溉技术中占有重要地位。水肥一体机（图4.4）作为一种新农业技术，结合灌溉和施肥过程，在提高肥料利用率、节约用水方面有广阔前景。在露地种植和温室大棚中，水肥一体机的应用越来越广泛。蔬菜、瓜果等不同类型农产品中都得到了应用，并显著提升生态效益和经济效益。

图4.4　水肥一体机

4.3.1　水肥一体机的基本工作原理与结构

目前常用的水肥一体化施肥设备有文丘里施肥器、比例施肥泵、全自动注肥设备、压差施肥罐等。按照施肥控制方式可分为两类：一类是定量施肥，即只能控制施肥总量，施肥浓度则随着施肥时间递减；另一类是比例施肥，即施肥过程中施肥浓度保持不变，该类型施肥设备既可控制施肥总量，又可根据作物需求控制施肥比例，定比例施肥设备正在逐步取代定量施肥设备。

水肥一体机主要由水泵、混肥泵、流量计、过滤器、传感器、控制装置和灌溉管道组成，在灌溉过程中，水泵对灌溉用水进行加压，使其进入灌溉主管道。同时，肥料母液从肥液罐中通过吸肥泵按照设定的流量进入管道，并与水在混肥泵的作用下充分混合，形成水肥混合液。这些水肥混合液经过加压后，流经灌溉管网到达灌溉位置，完成灌溉作业。

文丘里施肥器一般与灌溉进口处的阀门并联安装，水流通过文丘里管的时候，利用渐缩管处产生的压差将液态肥料从敞口的肥料罐吸入管网中，通过匹配不同口径的吸肥管可以调节注入肥料的浓度。其特点是造价低廉，使用方便，无需电力，但是其压力损失较大，多用于灌溉面积较小的区域。

还有一种采用文丘里结构的施肥器为目前市场上较为先进的智能施肥机，该类型智能施肥机可以通过EC/pH值及流量监控装置在可编程控制器控制下，通过机器上的一组文丘里施肥器准确地把肥料养分或其他物质注入灌溉主管网中，用户可通过物联网进行可视化监测及控制。与此同时，该类型智能施肥机也可与气象站、土壤温湿度、蒸发量、降水量和太阳辐射等传感器相连接，实现全自动智能调节和控制灌溉施肥。

压差施肥罐主要由肥料罐、节流阀门以及连接管组成，通过在罐体间形成压差，利用水流将罐中的肥液压入灌溉管网中。其特点是加工制造简单、使用方便，可适用于大田灌溉，但肥液的浓度会随施肥时间而变化，无法控制施肥浓度，不利于精确施肥，且罐体容积有限，需要多次添加肥液。

比例施肥泵是一种先进的水肥一体化施肥装备，其通过水压驱动内部吸液活塞的运动来向管网中定比地添加肥液。与其他施肥设备相比，比例施肥泵的施肥精度高，且注入比例可在一定范围内进行调节。

4.3.2　水肥一体机的特点

水肥一体化技术利用灌溉系统，将肥料溶解在水中，同时进行灌溉与施肥，适时、适量地满足农作物对水分和养分的需求。与传统的施肥方式相比，采用水肥一体化技术施肥具有众多优点，如大幅减少肥料使用量、减少养分流失及降低面源污染、灵活调控以满足不同区域或作物对肥料的需求、提高作物产量和品质以及降低生产成本。

4.4 遥控自走式喷杆喷雾机

4.4.1 遥控自走式喷杆喷雾机的基本工作原理与结构

遥控自走式喷杆喷雾机由药液箱、轻量化喷杆、液泵、喷杆角度调节装置等部件组成。作业时，喷杆根据作物高度调节喷雾高度和喷杆角度，作业时机器匀速前进，液泵将药箱内的药液加压后输送至喷杆，喷杆上的喷头将高压药液雾化成细小雾滴，雾化后的雾滴从喷头喷出，均匀分布在作物的叶片上，实现精准施药。

图4.5 遥控自走式喷杆喷雾机

4.4.2 遥控自走式喷杆喷雾机的特点

遥控自走式喷杆喷雾机是针对设施内吊蔓与爬地西瓜甜瓜的农艺要求研制的。其机身设计紧凑低矮，能灵活穿梭于狭窄种植行，喷杆角度与高度可调节，适配不同行距与西瓜甜瓜生长高度，且喷头间距可调节，能精准对准叶片正反面，主要适用于设施内吊蔓（或爬地）栽培西瓜甜瓜植保作业。

4.5 动力喷雾机

4.5.1 动力喷雾机的基本工作原理与结构

背负式动力喷雾机由机架、汽油机、液泵、喷射部件、管路、油箱、药箱等部件组成。液泵分别与进水管、出水管和回水管连通，进水管与药箱连通，出水管连接喷管，回水管连接药箱。作业时，汽油机驱动液泵，将药箱内的药液吸入后加压，高压药液通过喷雾软管输送至喷射部件，再经喷射部件雾化后进行喷洒。背负式动力喷雾机结构如图4.6所示。

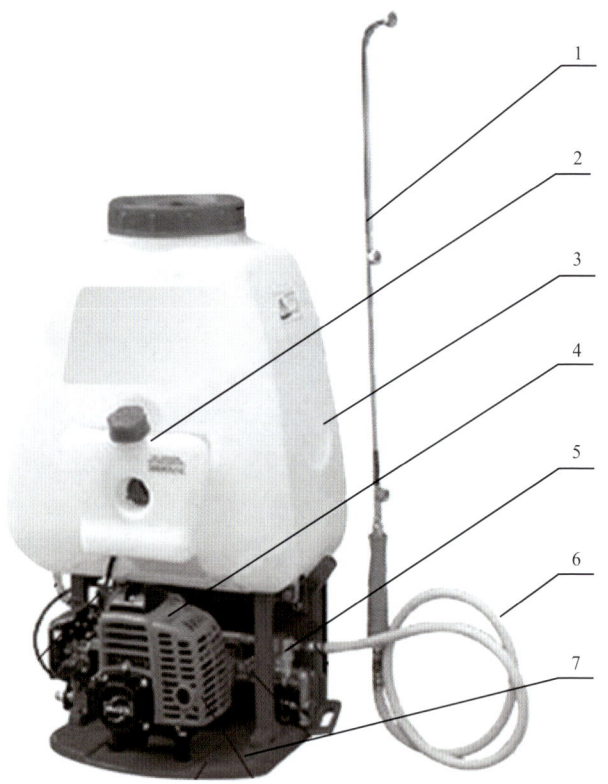

1—喷射部件；2—油箱；3—药箱；4—汽油机；
5—液泵；6—喷雾软管；7—机架。

图4.6　背负式动力喷雾机结构示意图

4.5.2　动力喷雾机的特点

背负式动力喷雾机是欧美国家小型植保机具的主机型，品种较多，造型美观，工艺先进，药箱容量从12 L

到25 L不等，液泵以微型柱塞泵、隔膜泵为主，喷射部件以单头可调式喷枪、小型喷杆为主。与背负式手动（电动）喷雾器相比，具有作业效率高、雾化质量好、雾滴穿透性强、雾量分布均匀等特点，与背负式喷雾喷粉机相比，则具有对靶性好、雾滴飘移量少等优势。该机具适用于设施西瓜甜瓜病虫害防治。

4.6 喷杆喷雾机

4.6.1 喷杆喷雾机的基本工作原理与结构

自走式喷杆喷雾机由自走式底盘和喷杆喷雾系统两大部分组成。喷雾系统部分由液泵、药液箱、液压升降机构、喷射部件、调压分配阀、多功能控制阀、风机、喷杆等部件组成。作业时，主药箱的药液经过滤器，流经液泵产生压力，经过压力阀流向控制总开关和射流搅拌，此时流向控制总开关的一部分药液通过自洁式过滤器、分配阀至喷杆喷雾。以3WX-2000G为例，其结构如图4.7所示。

图4.7 喷杆喷雾机

4.6.2 喷杆喷雾机的特点

同普通拖拉机配套使用的悬挂或牵引式喷雾机与自走式喷杆喷雾机相比,自走式高地隙喷杆喷雾机具有机械化和自动化程度高、使用方便、通过性好、适用范围广、施药精准高效等优点,可有效提高农药利用率、减少农药使用量、减轻对环境的污染,适用于露地西瓜甜瓜在封行前的病虫害防治。

4.7 植保无人机

随着无人机低空施药技术的不断发展，植保无人机已经成为防治病虫害的主要手段。植保无人机按动力类型可分为电动、油动、混动，电动无人机环保但载荷小、航时短，油动无人机续航强但噪声大、维护复杂，混动则结合两者优势；按机型结构可分为单旋翼、多旋翼、固定翼，单旋翼风场稳定、适合复杂地形，多旋翼机动灵活、适合小地块作业，固定翼速度快、适合大面积喷洒。

4.7.1 植保无人机的基本工作原理与结构

植保无人机（图4.8）由飞行平台、控制系统、动力系统和喷雾系统组成。植保无人机通过任务规划与路径规划、作物情报获取、施药操作、图像采集与分析以及自主飞行与避障等环节的紧密配合，实现了对农作物的精准保护和高效管理。这一技术不仅提高了农业生产效率和质量，还减轻了农民的劳动强度，并降低了农药使用量，减轻了对环境的污染。

图4.8 植保无人机

4.7.2 植保无人机的特点

植保无人机是一种高效精准的农业智能化设备,具有灵活机动、操作便捷、适应复杂地形等特点。它通过导航、智能感应和自动避障技术,可实现精准定位与变量施药,能大幅提升农药有效利用率,减少资源浪费,避免环境污染。相较于传统人工或机械作业,植保无人机的作业效率提高了数十倍,且能覆盖山地、水田等特殊区域,有效降低人工成本与作业风险,同时通过数据采集与分析为农业管理提供决策支持，是推动现代农业数字化、精准化发展的重要工具。

4.8 植株管理装备

西瓜甜瓜生长过程中，可通过整枝去除多余侧蔓，集中养分供给果实发育，显著提升果实糖度、果形均匀度和商品率；同时改善植株通风透光性，降低田间湿度和病虫害风险（如炭疽病、白粉病），减少农药使用。整枝还能规范藤蔓分布，便于田间管理和机械化作业，节省人工成本，通过调控坐果节位可延长采收期（甜瓜）或实现错峰上市，最终实现增产增收、品质优化、资源高效利用的综合效益。一般选用绑蔓器将藤蔓固定在支架上。

4.8.1 绑蔓器的基本工作原理与结构

绑蔓器（图4.9）适用于西瓜、甜瓜、番茄、黄瓜等茎蔓植物的固定、捆绑。以往菜农、果农要把各种植物的茎蔓捆绑在支架上，通常是手工绑绳，劳动强度高、效率低，由于采用麻花绳、撕裂带等作为绑绳，还容易损伤细嫩的茎蔓。绑蔓器是一种辅助固定藤蔓与支架的农具，其核心结构通常包含夹持机构、绑带卷轴、切割装置及握柄。工作时，通过手动或电动驱动夹爪夹住藤蔓与支撑杆，同步牵引弹性绑带（如塑料带、布条）缠绕固定，随后由内置刀片切断绑带并完成锁扣。部分机型集成张力调节功能，可自适应茎秆粗细，避免绑带过紧而损伤植株。结构上多采用轻量化材质（如铝合金、工程塑料）和人体工学设计，配合可替换绑带盒，实现快速连续作业，兼具高效捆扎与保护藤蔓的双重作用。

1—机头；2—弓架；3—手柄；4—弹簧；5—撞针；
6—绑带盒；7—绑带轨道；8—锋利刀片。

图4.9 绑蔓器

4.8.2 绑蔓器的特点

绑蔓器通过高效夹持、弹性绑带自适应缠绕及快速切割设计，实现藤蔓与支架的稳固固定，具有高效省力、保护植株、操作便捷、耐用经济等特点，适用于瓜类等藤蔓作物的规模化、设施化种植，兼顾效率与精细化管理的需求。

第五章

西瓜甜瓜收获运输机械化技术与装备

对于鲜食西瓜甜瓜的收获，受采摘机器人的定位精度以及生产成本、作业效率等限制，目前并不具备在实际生产中应用的条件，即使是欧美发达国家也均采用人工完成，但采摘后会使用大型运输平台进行转运。对于籽瓜，目前可采用捡拾脱籽联合作业装备进行作业。

5.1 鲜食西瓜甜瓜运输机械与装备

5.1.1 鲜食西瓜甜瓜运输机械的基本工作原理与结构

露地西瓜甜瓜采收作业时，由拖拉机牵引传输载运车或自走式采收平台（图5.1）在瓜田缓慢行走，由人工将瓜果从瓜蔓上摘下，将其放入传送臂上，由传输臂输送至运输车,再由人工装箱码垛。这样人机配合,不断行走、采摘、传送、集装,车满后运输至道路卸车,完成瓜果采收作业。

设施西瓜甜瓜可以采用轨道式运输平台(图5.2),在棚间铺设轨道,轨道运输平台包括驱动机构、传动机构、轨道与倾角调节机构、拖车等,运输平台在工作时,汽油机的输出动力经过带传动传递给变速箱,变速箱经过齿轮传动,按设置的挡位将相应的转速传递给输出端的驱动轮,实现驱动轮在轨道上行走,从而带动行走轮以及拖车,实现自走,完成西瓜、甜瓜等作物的运输。

图5.1 西瓜甜瓜采收平台

第五章 西瓜甜瓜收获运输机械化技术与装备

图5.2 轨道运输车

5.1.2 鲜食西瓜甜瓜运输机械的特点

鲜食西瓜甜瓜在采摘环节使用的辅助运输平台，其核心特点在于通过柔性缓冲装置（如气垫托盘、防震传送带）和自动化短途转运设备（如履带式运输车、轻便轨道），适应田间复杂地形（如泥泞、坡地），快速实现果实从植株到分拣点的无损运输；同时可集成实时称重与成熟度检测模块，在运输过程中完成初步分拣，减少人工二次搬运造成的挤压或摔落风险，并衔接后续冷链环节，保障果实新鲜度与品质稳定性。

5.2 籽瓜收获机械与装备

国内籽瓜收获方式根据其收获工艺可分为两种：一种是分段式收获，即先集条，再捡拾，最后脱籽；另一种是集条、捡拾、脱籽等工序联合化收获。后者按机具动力方式又分为牵引式籽瓜联合收获机、自走式籽瓜联合收获机。

5.2.1 籽瓜收获机的基本工作原理与结构

籽瓜联合收获机（图5.3）需具备捡拾、输送、破碎、取籽、收集等功能。目前，籽瓜联合收获机按捡拾机构形式划分主要有两种：一种为扎齿式捡拾机构，另一种为橡胶拨板式捡拾机构。扎齿式捡拾机构工作时，自身没有旋转动力，仅随车体的行走向前滚动，通过密布在捡拾辊上的扎齿将瓜扎起，并向上运送，实现籽瓜的捡拾。此捡拾方式作业幅宽大、工作效率高、对地面适应性强、拾净率高，可一机多收。橡胶拨板式捡拾机构位于整机最前端，工作时，由齿箱将动力传递给拨板辊轴，通过拨扳的高速回转运动，将田间籽瓜拨至输送装置，实现籽瓜的捡拾收获。此类捡拾机构结构紧凑，整机较轻便，对车体动力要求较低。

扎齿式自走式籽瓜联合收获机工作时捡拾机构随机具前进向前滚动，由扎齿将籽瓜捡起并向上输送，由卸瓜装置将籽瓜摘下喂入过桥机构，再送入破碎装置，由筛分装置完成籽、皮分离。可实现籽瓜全程机械化收获，功能强大，地形适应性强，适合籽瓜大田化种植条件。

图5.3 籽瓜联合收获机

5.2.2 籽瓜收获机的特点

分段式收获方式过程烦琐、机具进地次数多，成本较高，不利于推广使用；牵引式籽瓜收获机具有机械化参与程度高、收获效率高、劳动强度低等优点，但其作业幅宽较小，机具缠草夹草严重，常需1～2人辅助清除杂草，劳动强度较大；自走式籽瓜收获机作业幅宽大，全程机械化收获，不需要人工辅助作业，机具机动性强，适合籽瓜大面积种植的发展趋势。

参考文献

曹海雲，李百成，李声元，等，2022. 籽瓜破碎机工作过程仿真分析[J]. 林业机械与木工设备，50（8）：60-63，67.

龚艳，陈晓，张向前，等，2024-2-20. 一种瓜菜坐水移栽复式作业机[P]. ZL 2019 1 0404756. 5.

龚艳，张成福，陈晓，等，2025-2-11. 一种瓜菜基肥深施机[P]. ZL201910982438. 7.

胡双燕，胡敏娟，张文毅，等，2022. 辣椒穴盘苗茎秆力学特性试验与仿真研究[J]. 中国农机化学报，43（3）：9-18.

赖一波，2023. 葫芦科接穗苗盘上寻苗与上苗调整的方法研究[D]. 杭州：浙江理工大学.

刘德江，胡健灵，龚艳，等，2023-8-29. 一种作用于农用栽培拱棚的收膜起杆一体机[P]. ZL 2022 1 1037306. 5.

卢鑫羽，2021. 设施吊蔓瓜菜立式喷杆喷雾沉积分布规律研究与机具设计[D]. 北京：中国农业科学院.

马文强，冯青春，李亚军，等，2025. 基于改进YOLOv3-Tiny的番茄苗分级检测[J]. 农机化研究，47（2）：54-60.

缪友谊，龚艳，陈晓，等，2022-6-14. 一种振动式深松装置及其作业方法[P]. ZL 2021 1 1477307. 7.

沈跃，张凌飞，沈亚运，等，2024. 基于相邻争夺算法的无人机多架次植保作业路径规划[J]. 农业工程学报，40（16）：44-51.

石雨欣，2022. 设施吊蔓作物对行间歇施药技术试验研究与优化[D]. 北京：中国农业科学院.

唐学鹏，张振国，王帅，等，2024. 籽瓜破碎机工作过程仿真分析[J]. 农业工程，14（9）：105-115.

王超，李永磊，宋建农，等，2022. 气动下压式高速移栽机自动控制系统设计与试验[J]. 农业机械学报，53（3）：114-125.

王家胜，张梅，高春凤，等，2023. 茄科蔬菜多株同步自动嫁接机设计与试验[J]. 农业机械学报，54（6）：38-45.

王景政，张秀花，陈金明，2021. 西瓜直插式嫁接砧木夹持与压苗机构设计与试验[J]. 中国农机化学报，42（1）：67-74.

吴龙贻，王志明，胡越，等，2022. 基于机器视觉的穴盘幼苗分级移栽系统设计与试验[J]. 农机化研究，44（4）：127-132，140.

伍龙，刘念聪，王艳华，等，2021. 基于PLC的全自动移栽机取苗喂苗控制系统设计[J]. 中国农机化学报，42（10）：87-91.

熊世磊，丁赛飞，王启慧，等，2021. 籽瓜破碎取籽分离机机架的有限元分析及优化[J]. 森林工程，37（2）：86-94.

杨丽，曹淼鹏，薛亚许，等，2023. 茄子穴盘苗形态及力学特性试验研究[J]. 农机化研究，45（6）：165-170.

俞高红，赵钧，单杭琦，等，2024. 蔬菜钵苗自动移栽机纵向送盘机构设计与试验[J]. 农业机械学报，55（11）：285-293.

张妮，张国忠，付建伟，等，2024. 顶钵-夹茎组合式取苗装置设计与试验[J]. 农业工程学报, 42 (3): 50-61.

张秀花, 静茂凯, 袁永伟, 等, 2022. 基于改进YOLOv3-Tiny的番茄苗分级检测[J]. 农业工程学报, 38 (1): 221-229.

周磊, 龚征绎, 费焕强, 等, 2021. 基于机器视觉的瓜科砧木苗参数提取[J]. 热带农业工程, 45 (4): 1-6.

朱海勇, 2023. 西瓜移栽机的自动送苗装置研究[J]. 农机化研究, 45 (1): 118-122.

CHEN XIAO, HU JIANLING, GONG YAN, *et al.*, 2024. Design and Test of Automatic Feeding Device for Shed Pole of Small-Arched Insertion Machine[J]. Agriculture, 14 (7): 1187-1201.

CHEN SHAN, JIANG KAI, ZHENG WENGANG, *et al.*, 2024. Adaptive precision cutting method for rootstock grafting of melons: modeling, analysis, and validation[J]. Computers and Electronics in Agriculture, 218. DOI: 10.1016/j. compag. 108655.

CHO BYEONGHYO, LEE KIBEOM, HONG YOUNGKI, *et al.*, 2022. Determination of Internal Quality Indices in Oriental Melon Using Snapshot-Type Hyperspectral Image and Machine Learning Model[J]. Agronomy, 12 (9): 2236.

CHOI W C, KIM D C, RYU I H, *et al.*, 2002. Development of a seeding pick-up device for vegetable transplanter[J]. Transactions of the ASAE, 45 (1): 13-19.

GAO QIMIN, CHENG LEI, WANG RENBING, *et al.*, 2024. Discrete element model building and optimization of tomato stalks at harvest[J]. Agriculture-Basel, 14 (4): 531.

HU JIANLING, GONG YAN, CHEN XIAO, 2024. Design and Parameter Optimization of Rotary Double-Insertion Device for Small Arched Insertion Machine[J]. Agriculture, 14（5）：739-757.

KIM JOONYOUNG, PYO HYERAN, JANG INHOON, et al., 2022. Tomato harvesting robotic system based on Deep-ToMaToS: Deep learning network using transformation loss for 6D pose estimation of maturity classified tomatoes with side-stem[J]. Computers and Electronics in Agriculture, 201. DOI: 10.1016/j. compag. 107300.

KUTZ L J, MILES G E, HAMMER P A, et al., 1987. Robotic Transplanting of Bedding Plants[J]. Transactions of the Asae, 30（3）：586-590.

LI WEIXIANG, WU BINXIN, 2024. Computational fluid dynamics investigation of pesticide spraying by agricultural drones[J]. Computers and Electronics in Agriculture, 227. DOI: 10.1016/j. compag. 109506.

RENÊ RIPARDO CALIXTO, LUIS GONZAGA PINHEIRO NETO, TARIQUE DA SILVEIRA CAVALCANTE, et al., 2022. Development of a computer vision approach as a useful tool to assist producers in harvesting yellow melon in northeastern Brazil[J]. Computers and Electronics in Agriculture, 192. DOI: 10.1016/j. compag. 106554.

TAN HAIBO, HU YATING, MA BENXUE, et al., 2024. An improved DCGAN model: Data augmentation of hyperspectral image for identification pesticide residues of Hami melon[J]. Food Control, 157: 15-21.